哪怕只是每周一次，

动手为自己或所爱的人

做一份早餐吧

一个人也要好好吃早饭

One person

&

breakfast

苏齐 著

早 餐 厨 房 　 爱 的 时 光

四川出版集团　天地出版社

One person

&

breakfast

CONTENTS 目录

CONTENTS 目录

Contents 目录

Contents 目录

五谷豆浆 + 鸡蛋炒馒头

厨室机密／鸡蛋炒馒头

作品索引

早餐一直是我生活里必不可少的一部分。

中学的时候早餐总是由母亲准备，每日变换花样煮不同的粥装在保鲜盒里让我带到学校去，班主任每次看见都忍不住夸赞我有一个用心的母亲。后来到了别的城市念大学，在寝室里也偷偷备一个小电饭锅，包揽了自己以及室友的早餐。再后来搬出学校，有了烹饪工具齐全的厨房，再加上过生日母亲送的相机，就渐渐有了书中这些早餐和照片。只是抱着记录生活的想法把照片发到网上，却很意外地受到网友的喜欢，收到无数鼓励、认可的邮件和留言，也让我结识了很多同样喜欢下厨的朋友。

说到书中的这些早餐，完全是按照自己嗜甜和不吃鱼虾以外肉类的饮食习惯来制作的。早餐是迎接新一天的第一餐，吃到自己喜欢的食物才是最重要的事，所以书里的早餐会有芝士蛋糕、提拉米苏、油炸奥利奥这些看起来有些任性的食物，但它们总是让我一整天心情都很好。

书中还推荐了许多关于美食的电影和书籍，它们不仅给予我制作食物的灵感和下厨的动力，也让我更清楚食物与生活、食物与心灵的紧密关系。书中同时还推荐了一些我喜欢的音乐，希望它们也可以陪伴你度过美好的早餐时光。

无论是工作忙碌，还是不谙厨艺，这些都不应该是享受早餐的阻碍。哪怕只是每周一次，动手为自己或所爱的人做一份早餐吧！希望拥有这本书的你们，都能感受到早餐的快乐。

BAKING TOOLS AND DESCRIPTION OF THE TERMS

烤 箱

烤箱是烘焙的必备工具，建议选择20升以上，有上下加热管，可调节温度、可定时以及烤箱内部至少分两层（三层及以上更佳）的烤箱。使用三层烤箱时应将烘焙的食物放在烤箱中层，使用两层烤箱时应调放层架的位置，使烘焙的食物位于烤箱中部。另外，很多烤箱都有三个加热选择：上火，下火，上下火同时开。本书中的食谱皆选择"上下火同时开"。

厨房秤

用于精确控制各种材料的分量。

量勺、量杯

主要用于量取各种材料的分量。在本书的食谱中，1小勺=5毫升，1大勺=15毫升，1杯=200毫升。

手动打蛋器

用于材料的简单搅拌，如将鸡蛋、砂糖、油搅拌均匀。

电动打蛋器

打发黄油、鸡蛋、淡奶油时必不可少，也可用于搅拌其他材料。

橡皮刮刀

用于搅拌面糊以及处理附着在容器壁上的面糊。

面粉筛

也叫筛网，用于过筛面粉，能滤除可能含有的杂质，使其更加蓬松均匀地加入到其他材料中。如过筛的还有可可粉、泡打粉、小苏打等，跟面粉一起混合过筛，可使它们混合得更加均匀。

蛋糕模

制作蛋糕的模具，建议备置6寸或者8寸的蛋糕圆模一个，小硅胶模或者蛋糕纸杯若干。

塔模、派盘

制作塔、派类点心的模具，尺寸大小跟花边类型有多种选择，可根据自身需要和喜好备置。

毛刷

用于刷油或者刷蛋液。

锡纸、油纸

放在烤盘上防粘，锡纸还可用于包裹烘焙的食物，防止其水分流失或上色过深。

高筋面粉

蛋白质含量在12.5％以上的小麦面粉，是制作面包的主要材料之一，也可用于塔皮、派皮的制作。

中筋面粉

蛋白质含量在9％~12％之间的小麦面粉，亦即普通面粉，多数用于中式面点的制作。

低筋面粉

蛋白质含量在7%～9%之间的小麦面粉,是制作蛋糕的主要原料。

玉米淀粉

又称粟粉,溶水加热至65℃时即开始膨化产生胶凝特性,多数用在派馅的胶冻原料中或奶油布丁馅中。还可在蛋糕的配方中加入以适当降低面粉的筋度等。

奶油奶酪

英文名为Cream Cheese,是一种未成熟的全脂奶酪,色泽洁白,质地细腻,口感微酸,适合用来制作奶酪蛋糕。

马斯卡彭奶酪

英文名为Mascarpone Cheese,是鲜奶酪的一种,制作过程未经发酵,所以口味清新,是制作著名甜点"提拉米苏"必备的原料。

淡奶油

英文名为Whipping Cream,从牛奶中提炼的乳白色浓稠液体,脂肪含量较高。本身是不甜的,打发前需要依据个人口味加入砂糖。

黄 油

英文名为Butter。黄油有无盐和含盐之分。一般在烘焙中使用的都是无盐黄油。黄油在冷藏的状态下是比较坚硬的固体,而在28℃左右,会变得非常软,这个时候可以通过搅打使其裹入空气,体积变得膨大,称为"打发"。在34℃以上,黄油会溶化成液态。需要注意的是,黄油只有在软化状态下才能打发，溶化后是不能打发的。

小苏打
学名碳酸氢钠，化学膨大剂的一种，碱性。

泡打粉
化学膨大剂的一种，广泛使用在各式蛋糕、面包等的配方中。

打　发
用电动打蛋器高速搅打黄油、蛋液、奶油等，使其变得蓬松、轻盈，体积增大。

湿性发泡
蛋白或淡奶油打起粗泡后加砂糖搅打至有纹路且雪白光滑，拉起电动打蛋器时，能拉出一个尾端稍弯曲的尖角。

干性发泡
蛋白或淡奶油打起粗泡后加砂糖搅打至纹路明显且雪白光滑，拉起电动打蛋器时，能拉出一个短小直立的尖角。

过　筛
将面粉筛轻置于容器上或在面粉筛下方垫一张纸，以手轻拍或晃动面粉筛，让面粉或其他粉类材料通过筛网。

松 弛

将揉好的面团盖上湿笼布，或放在碗盆里封上保鲜膜，静置一段时间，也称为醒发、饧面。这是因为面团揉过之后会产生筋性，经静置后更易擀卷，不会收缩。

西柚汁 + 烟熏三文鱼煎蛋卷 + 无酱汁蔬菜色拉

厨室机密 ## 烟熏三文鱼煎蛋卷

材料 鸡蛋2个，烟熏三文鱼2片，油、盐适量

做法 鸡蛋加盐打散。三文鱼切碎。锅内均匀地刷上一层油，倒入蛋液，
小火煎至底层凝结上层还是液体的时候放入三文鱼，待上层微微凝
固时铲起一半蛋皮覆盖在另一半蛋皮上呈饺子状，再用小火继续煎
一会儿即可，无需翻面。

美味关系 # 舌尖上的中国

短评 把中国的美食拍得美好至极，食物背后的人情故事也非常令人感动。中国中央电视台出品。

摘录 这是盐的味道，山的味道，风的味道，阳光的味道，也是时间的味道，人情的味道。这些味道，已经在漫长的时光中和故土、乡亲、念旧、勤俭、坚忍等等情感和信念混合在一起，才下舌尖，又上心间，让我们几乎分不清哪一个是滋味，哪一种是情怀。

A Bite of China 舌尖上的中国

CCTV-1 5月14日22:40首播　次日18:00重播
CCTV-9 5月23日22:00播出

小米豆浆 + 辣白菜炒饭 + 蜜渍西红柿

厨室机密 ## 辣白菜炒饭

材料　辣白菜，冷饭，油，盐

做法　1. 辣白菜切小块，冷饭弄散。

　　　2. 锅内热油，放入辣白菜翻炒，再放入冷饭和盐继续翻
　　　　炒一会儿即可出锅。

美味关系　# Story of Us

短评　慵懒清新的一张民谣专辑，淡淡的吉他小调，轻快跳跃的琴。非常舒服的听觉享受。韩国组合IBADI在古语中有"宴会"之意。

摘录　Welcome back to my heart.

西芹青瓜汁 + 什锦炒面包

厨室机密 ## 什锦炒面包

材料 吐司2片，各种蔬菜适量，虾皮、罗勒各一小把，油、盐适量

做法 吐司去边切小块，蔬菜切丁。锅内热油，倒入蔬菜丁中火翻炒1分钟左右，再放入吐司和虾皮继续翻炒，出锅前撒上盐和罗勒即可。

美味关系　香料之路

短评　英国广播公司的纪录片总是值得一看，尤其对于热爱食物的人。了解各种香料的历史渊源，以及它们是怎么长出来的确实很有趣。

摘录　我们不仅用我们的双手，也在用我们的灵魂烹饪。

西红柿鸡蛋面 + 生菜玉米色拉

厨室机密 ## 西红柿鸡蛋面

材料 西红柿1个，鸡蛋1个，面条一把，盐、醋适量

做法 1. 西红柿洗净切块，鸡蛋打散。

2. 锅内热油，放入鸡蛋炒熟，倒入西红柿，加一小碗水，放入适量盐和醋调味，沸腾后煮两分钟即可关火。

3. 取另一锅将水烧开，放入面条，面条煮熟后盛出，加入刚刚炒好的西红柿鸡蛋即可食用。

美味关系　**雅舍谈吃**

短评　梁实秋先生的席地而谈吃，用现在的话来说这本书十分接地气，描述的都是家常菜与路边小吃，文字十分亲切有趣。

摘录　孩子们想吃甜食，最方便莫如到蒸锅铺去烙几张糖饼，黑糖和芝麻酱要另外算钱，事前要讲明几个铜板的黑糖，几个铜板的芝麻酱。烙饼要夹杂着黑糖和芝麻酱，趁热吃，那份香无法形容。我长大以后，自己在家中烙糖饼，乃加倍的放糖，加倍的放芝麻酱，来弥补幼时之未能十分满足的欲望。

蜜桃红茶 + 蒜蓉法棍 + 鸡蛋什蔬色拉

厨室机密 ## 鸡蛋什蔬色拉

材料　水煮蛋1个，玉米粒、青豆、胡萝卜、黄瓜适量，色拉酱适量

做法　鸡蛋剥壳切成小块，玉米粒、青豆放入沸水里煮熟捞出，胡萝卜和
黄瓜洗净切小块，所有材料放到大碗里加入色拉酱拌匀即可。

美味关系 # 一个人的好天气

短评 作者青山七惠在答记者问时说，"一个人的好天气"这个书名是她绞尽脑汁憋出来的，她先想到的是"一个人"这个关键词。虽然"一个人"会引来孤独、空虚、害怕的联想，但她非得想出一个积极的词跟在"一个人"的后面……

摘录 我们在檐廊上吃起了草莓、豆奶和花生酱夹心面包、罐装羊羹。天冷，两人都裹着毛毯。空荡荡的电车像往常一样轰隆隆飞驰而过。每当寒风刮来时，两人都说进屋去吧，却都不动弹。我本想说句感谢的话，却问了别的。

黑咖啡 + 云朵Pancake

厨室机密 云朵Pancake

分量 3个

材料 鸡蛋2个，牛奶100毫升，低筋面粉40克，香草粉半小勺，砂糖15克，盐少许，柠檬汁几滴，黄油或其他食用油适量

做法 1. 蛋白与蛋黄分离，蛋白混合砂糖和盐，用电动打蛋器打至湿性发泡。

2. 蛋黄用手动打蛋器或电动打蛋器打散，加入过筛的面粉和香草粉，再加入牛奶和柠檬汁，用手动或电动打蛋器搅拌均匀。

3. 加入打发的蛋白，用橡皮刮刀自下往上快速翻拌均匀。

4. 锅内刷一层均匀的油，倒入面糊约1厘米厚，均匀的小火煎至定型，小心翻面再煎半分钟即可。

美味关系 # 喜　宝

短评　亦舒的小说，苏芙喱是里面女主角拿手的甜点。云朵Pancake则是我一次做苏芙喱时的灵感，它的味道很像苏芙喱，做法却非常简单，也不用像做苏芙喱那么小心翼翼，担心其塌陷。

摘录　我转头说："我做一个苏芙喱给你吃。"
　　　　"你会得做苏芙喱？"他惊异。
　　　　我微笑地点点头，"最好的。瞧我的手艺。"

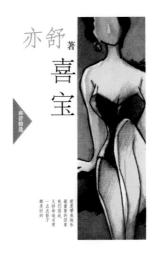

薄荷茶 + 鸡蛋黄瓜色拉三明治 + 葡萄

厨室机密 ## 鸡蛋黄瓜色拉三明治

材料 吐司2片，黄瓜半根，水煮蛋1个，色拉酱1大勺，盐和黑胡椒适量

做法 吐司去边放入烤箱或吐司机烤脆，鸡蛋剥壳切成小块，黄瓜洗净切成小块，放入碗里，撒上适量盐和黑胡椒，加入色拉酱拌匀，取1片吐司，将拌好的色拉均匀铺在吐司上，再盖上另1片吐司，切成喜欢的形状即可。

美味关系　深夜食堂

短评　有段时间一直在看这部电视剧，很多次被剧情和里面的食物感动。本款三明治便是参照第一季第七集的鸡蛋三明治做成的，非常简单也非常美味。

摘录　人世间，流浪人归，亦若回流川。

牛奶 + 鸡蛋生菜色拉三明治 + 葡萄柚

厨室机密 ## 鸡蛋生菜色拉三明治

材料 吐司2片，水煮蛋1个，球生菜2片，黑胡椒一小把，色拉酱适量，装饰用番茄酱适量

做法
1. 吐司去边，放入面包机或烤箱微微烤脆。
2. 鸡蛋剥壳切碎，生菜洗净撕成小块，撒入黑胡椒，加入色拉酱拌匀。
3. 取1片吐司，放上拌好的色拉，覆盖上另1片吐司，表面装饰上番茄酱即可。

Songs We Sing

在这样一张专辑的陪伴下准备早餐，就算是阴天，也会觉得被暖暖的阳光包围。

My dear, oh dear
My head it tends to stray away, sometimes I can't see clear
Oh dear, oh dear
In spite of all the things I said, I always want you near

酸奶 + 巧克力软曲奇 + 西瓜

厨室机密　## 巧克力软曲奇

材料　低筋面粉100克，黄油60克，鸡蛋1个，糖粉50克，可可粉10克，盐1克

做法　1. 将黄油软化，加入糖粉和盐，用手动或电动打蛋器打发至颜色变浅，体积蓬松。
2. 加入蛋液，用手动或电动打蛋器搅拌均匀。
3. 加入低筋面粉，用手动或电动打蛋器搅拌均匀。

4. 加入可可粉，用手动或电动打蛋器搅拌均匀，成为最终的面糊。

5. 将面糊放入裱花袋，在烤盘上挤出你喜欢的形状，或直接舀入硅胶模等小型模具中，放入预热好的烤箱，180℃烤12分钟左右即可。

Tips 可可粉换成抹茶粉、香草粉会有不一样的味道，还可以根据手上材料加入巧克力豆、水果干、坚果以丰富口感。

美味关系 # 西　瓜

短评 有些奇怪的笑点，最适合夏天抱着西瓜边吃边看，看完会有淡淡的暖意留在心头。

摘录 可能世界要比我们想象的，更充满着爱。

牛奶 + 红豆羊羹 + 樱桃

厨室机密　红豆羊羹

材料　琼脂8克，水300克，红豆沙300克，砂糖适量

做法　琼脂在水里泡发捞出待用。300克水烧开，放入琼脂不断搅拌至琼脂溶化，放入红豆沙，根据情况加适量砂糖，不断搅拌至红豆沙融化，关火待稍微冷却倒入容器（容器用保鲜盒或活底蛋糕模都可以，用活底蛋糕模会比较方便脱模），然后放入冰箱冷藏过夜。

美味关系 # 樱桃小丸子

短评　虽然是童年的动画片，现在看也觉得很温暖很治愈。记得小时候放学最开心的事，就是飞奔回家从冰箱里拿了羊羹守在电视机前看《樱桃小丸子》，虽然吃饭时妈妈总会抱怨说正经的饭不好好吃，就爱吃零食，可心里还是乐得紧，羊羹也因为跟童年的联结，每每吃到都会忍不住微笑，心里有满满的幸福。

摘录　吃东西又不累，最合适我了。

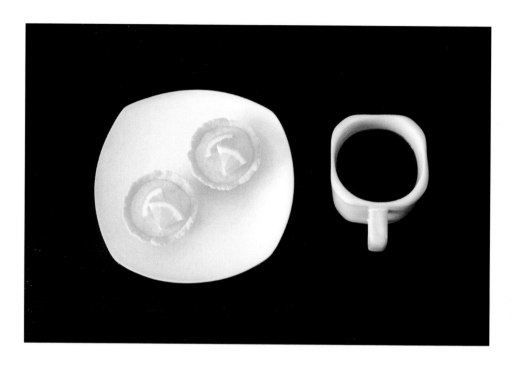

黑咖啡 + 柠檬芝士塔

厨室机密 ## 柠檬芝士塔

分量 4个

材料 低筋面粉60克，黄油40克，砂糖30克，鸡蛋1个，盐0.5克，奶油奶酪50克，淡奶油20克，柠檬半个

做法
1. 奶油奶酪软化。黄油软化。鸡蛋打散。
2. 将10克砂糖、所有盐、一半蛋液，加入黄油中用电动打蛋器搅打至发白蓬松。

3. 加入低筋面粉揉成光滑的面团，放进冰箱冷藏1小时至硬。

4. 将软化的奶油奶酪用电动打蛋器搅打至蓬松，加入剩余砂糖、蛋液和淡奶油，继续用电动打蛋器搅打均匀成为奶酪液。

5. 柠檬洗净切开，将半个柠檬的汁水挤入奶酪液中，再从挤过汁的半个柠檬上切下皮屑，皮屑只要黄色部分，白色部分发苦不能用。将皮屑放入奶酪液中，用橡皮刮刀搅拌均匀。剩下的柠檬果肉也可以一起放进奶酪液中增加口感。

6. 取出冷藏好的面团，分成大小相等的4个剂子，放入蛋塔模用拇指按压成与模具相符的形状。

7. 倒入奶酪液至2/3满，放入预热好的烤箱，170℃烤15分钟。

8. 放入冰箱冷藏4小时以上即可食用。

美味关系　芳草莲檬

短评　一张好听的女声合辑，就像柠檬芝士塔一样清新爽口。

摘录　是你的温柔，像一阵微风。威尼斯的海岸，深蓝色的夜空。（蘑菇红·威尼斯海岸）

牛奶 + 紫薯豆沙团子 + 甜玉米

厨室机密 ## 紫薯豆沙团子

分量 10个

材料 紫薯200克，糯米粉50克，红豆沙适量，芝麻适量，水适量

做法
1. 紫薯去皮切小块，用蒸锅或微波炉蒸熟。
2. 将熟紫薯放入保鲜袋或用笼布包上，用手捏压成泥后放入碗中。
3. 倒入糯米粉，加适量水揉成面团。如果买到的紫薯不是很甜，可在面团里放点砂糖。

4. 将面团分成大小相等的10个剂子，包入红豆沙，揉成团子，放入蒸锅，小火蒸10分钟左右。

5. 蒸熟的团子滚上芝麻即可食用，也可用椰蓉、糖粉替代芝麻，也可什么都不用滚，直接吃。另外团子用煮也可以，这样就变成紫薯豆沙汤圆啦。

美味关系　甜甜私房猫

短评　主角是一只叫小起的猫，喝到牛奶就很幸福，整个动画片都萌到爆。

摘录　"对于我们这个种族来说，偶尔吃吃还是不错的。"

"种族？"

"就是说一样的同伴。"

"同伴？"

"是啊，就像我和你一样。"

"不对哦，小起是洋平、爸爸和妈妈的同伴哦。"

红豆豆浆 + 红豆山药饼 + 樱桃萝卜

厨室机密　### 红豆山药饼

材料　山药200克，榨豆浆剩下的红豆渣几勺，中筋面粉50克，砂糖适量，油适量

做法　山药去皮切片放入蒸锅蒸熟捣成泥，加入红豆渣、中筋面粉、砂糖揉成团，分成大小相同的剂子，捏成球后压扁，入油锅小火煎炸至金黄即可。将中筋面粉换成糯米粉又是不一样的口味。

美味关系　初恋红豆冰

短评　初恋就像易融化的红豆冰，尽管时间短暂，可那份甜蜜，会一直在
心头挥之不去。

摘录　墙角边的黄花开了一半，一群孩子也长大了，他们离开了那个安静
的小镇，去寻找他们的梦想。

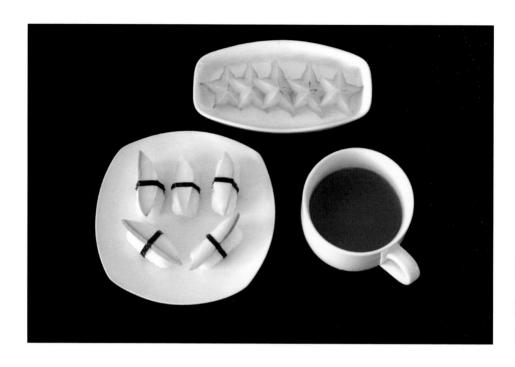

柠檬绿茶 + 牛油果寿司 + 杨桃

厨室机密 ## 牛油果寿司

材料 白米、糯米适量，盐、砂糖、醋适量，牛油果半个，海苔1片

做法 寿司醋制作

盐、砂糖、醋按1：5：10的比例调和均匀，放入锅中加热，晾凉即可。注意，加热时不可令其沸腾，以免降低醋的酸味。

寿司饭制作

1. 以10：1的比例取白米和糯米，淘洗后煮熟。用水量为1杯米对1

杯水, 若超过5杯米则减少最后1杯水之1/5水量。

2. 米饭放凉后放入寿司醋拌匀。米饭与寿司醋的比例为1杯米放两大勺寿司醋。寿司饭若有剩余, 用干净湿笼布盖住保存即可。

寿司制作

寿司饭分成分量相等的几份, 用湿润的笼布包住再用手捏成长方体, 放上切成薄片的牛油果, 再用剪成细长条状的海苔固定即可。食用时佐芥末和酱油。

Tips 捏饭团的时候笼布一定要湿润才不会黏住米饭。海苔沾点水即可黏合固定。

美味关系 # 寿司之神

短评 无论是处理生鲜还是制作寿司的动作都如行云流水, 令人着迷。

摘录 爱自己的工作, 一生投入其中。

普洱茶 + 甜心山药 + 牛油果蔬菜色拉

甜心山药

分量　4~5个

材料　山药150克，糯米粉50克，红豆沙适量，干淀粉少许，油适量

做法
1. 山药洗净、去皮、切片，隔水蒸熟。削皮的时候最好戴手套，以防过敏。
2. 蒸熟后的山药碾压成泥，在山药泥里加50克糯米粉，不需加水，然后反复揉搓，揉成山药糯米团。

3. 红豆沙分成小份，也可以凭个人爱好使用别的馅。

4. 取一小块山药糯米团，用手揉成团，然后隔着保鲜膜，将它擀成薄皮（皮薄一点好吃，用保鲜膜隔着可以帮你擀出又薄又平滑的皮），在薄皮中间放上红豆馅。

5. 再盖上一张薄皮，把四周的边压实，用模具压心形（没有模具就自己看着来吧）。

6. 在每个甜心山药的表面拍上一层干淀粉，放入油锅小火煎炸至金黄即可。

美味关系 # 两小无猜

短评 糖果色调的爱情故事，疯狂，甜美，激动人心，又有一点歇斯底里的哀伤。

摘录 给你一个橘色的。你一个橘色的，我一个橘色的。你喜欢蓝色的么？因为只有一个蓝色的了，给你吧，因为……你很可爱。

牛奶红豆沙 + 抹茶饼干 + 猕猴桃

厨室机密 ## 抹茶饼干

分量 拇指大小30块左右

材料 低筋面粉50克，黄油30克，砂糖10克，盐0.5克，抹茶粉半小勺

做法 黄油软化，放入砂糖、盐、抹茶粉后，用电动打蛋器搅打均匀至体积微微蓬松，再加入低筋面粉，揉捏成团，放进冰箱冷藏1小时至硬，取出捏成长条，切成半厘米左右的厚片，放入预热好的烤箱，160℃烤10分钟左右即可。

顶级大厨：甜蜜世界

短评 一档选秀节目，美国精彩电视台（BRAVO）出品，节目里有非常厉害的甜品师和非常美丽的甜品。

摘录 甜品是科学和艺术的完美结合。甜品如生命。

蜂蜜柠檬水 + 铜锣烧 + 橙子

厨室机密　**铜锣烧**

分量　5个

材料　低筋面粉100克，鸡蛋2个，小苏打粉1/3小勺，蜂蜜1大勺，油1大勺，水20毫升左右，红豆沙适量

做法　1. 鸡蛋用筷子或手动打蛋器搅打至稍微蓬松，加入油、蜂蜜、小苏打粉再用筷子或手动打蛋器搅拌均匀，成为混合液。

2. 面粉过筛，加入混合液中，用筷子或手动打蛋器搅拌均匀使之成为面糊。根据面糊浓稠程度加水调整，直至浓度为能搅动又有一点阻力为宜。

3. 锅底均匀地刷上一层油，用勺子舀一勺面糊摊成圆形，用小而均匀的火力加热，煎至正面产生蜂窝，边缘呈微微的焦糖色，即成一张面饼。

4. 待所有的面饼制成，在两张面饼之间夹上红豆沙即可食用，微微热的时候最好吃。

Tips 要想把面饼摊圆，每次滴落面糊的位置都应该位于锅底的圆心，放置一会儿慢慢就变圆了。

美味关系 # 银　魂

短评 男主角也是个爱吃甜食的家伙，里面的故事很脱线很搞笑，也时不时地戳人泪点，告诉你要忠于自己的梦想。

摘录 没错，就是钙质，只要多多吸收钙质，做什么事都会顺利。

茉莉花茶 + 糯米烧卖 + 芒果

厨室机密　**糯米烧卖**

材料　普通面粉，玉米淀粉，糯米，胡萝卜，桂皮，酱油，砂糖，油，盐，水

做法
1. 胡萝卜洗净切成小丁。糯米洗净用水浸泡1小时，用笼布包裹入蒸锅，中火蒸熟。
2. 锅内热油，倒入胡萝卜丁和桂皮随意翻炒一下，倒入适量水，酱油、砂糖、盐调味，放入蒸好的糯米，翻炒上色，即成糯米馅。

3. 面粉和玉米淀粉按2:1混合，加入适量开水揉成光滑的面团，松弛15分钟后，再揉成长条，分成大小相等的剂子，用擀面杖擀成尽量薄的圆形即成烧卖皮。

4. 取擀好的烧卖皮，放入适量糯米馅，收口，糯米馅尽量捏实，上蒸锅中火蒸几分钟，烧卖皮蒸熟即可食用。

Tips 做中式面点，面粉用超市最常见的普通面粉就可以了，比如雪花粉、富强粉等。

美味关系 # 芒果街上的小屋

短评 芒果色的封面，芒果色的书签，芒果色的小记事本，芒果色的插图。这本书就像一个自然真实的童话，故事和笔触，也像芒果的颜色一样，饱满透亮，纯净暖人。

摘录 你永远不能拥有太多的天空。你可以在天空下睡去，醒来又沉醉。在你忧伤的时候，天空会给你安慰。可是忧伤太多，天空不够。蝴蝶也不够，花儿也不够。大多数美的东西都不够。于是，我们取我们所能取，好好地享用。

全豆豆浆 + 玉米虾仁蒸饺 + 凉拌花生米

厨室机密 ## 玉米虾仁蒸饺

材料
1. 馅料：鲜玉米粒100克，虾仁200克，淀粉10克，盐5克，胡椒粉2克
2. 饺皮：普通面粉250克，鸡蛋1个，盐2克，凉水30毫升

做法
1. 将所有馅料混合拌匀待用，其中鲜玉米粒需稍切，小虾仁可直接使用，大虾仁也需稍稍切碎。
2. 鸡蛋打散，加入面粉中，再加入盐和水揉成面团，盖上笼布静置

3～5分钟。

3. 将面团分成大小相等的剂子，擀成面皮。

4. 在擀好的面皮中包入馅，捏好，包成饺子，上锅蒸熟即可。

美味关系 # 金玉满堂

短评 跟食物有关的港片中最喜欢的一部，过年的时候电视上经常重播，就会跟着重看一次。食物很诱人，剧情很欢乐，节奏很紧凑。

摘录 "头发剪了？真的还是假的？"

"之前像咕噜肉。"

"那现在呢？"

"像冬菇！"

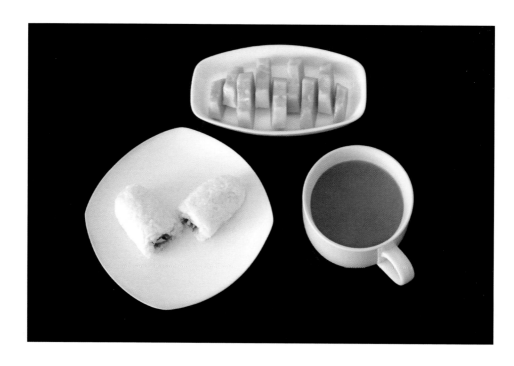

胡萝卜汁 + 粢饭团 + 木瓜

厨室机密 ## 粢饭团

材料　白米，糯米，花生，面包糠，砂糖

做法　面包糠制作

吐司切边，放入预热好的烤箱，200℃烤5分钟左右，取出后放入保
鲜袋用擀面杖碾碎即可。

粢饭团制作

以1：1的比例取适量糯米和白米淘净，放入电饭锅煮熟或用笼布包

裹上锅蒸熟，稍微放凉后舀出放在沾过水的笼布上，用饭勺压平，接近正方形，中间放上花生、砂糖和面包糠，提起笼布的四个角，卷起饭团捏实即可食用。

Tips 内馅可根据手边食材调整，甜咸随意。

美味关系 # 孤独的美食家

短评 美食，可以是众人欢聚的缘由，也可以是一个人孤高的品尝。一部几乎没有剧情的电视剧，却也另有一番趣味。

摘录 不被时间和人事所束缚，幸福填饱肚子的时候，短时间内变得随心所欲，变得自由，不被谁打扰，毫不费神的吃东西的这种孤高行为，这种行为正是平等的赋予现代人的最高治愈。

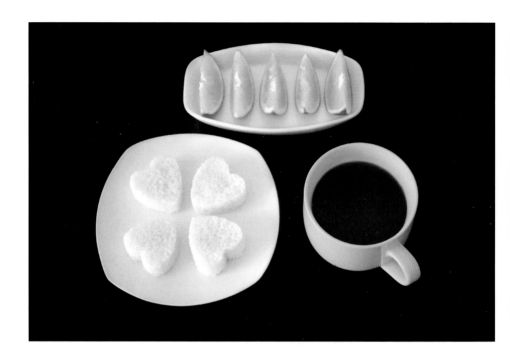

红茶 + 加应子饭团 + 橙子

厨室机密　加应子饭团

材料　热米饭1碗，加应子肉适量

做法　在湿笼布上放置适量米饭，压扁后放入加应子肉包裹捏合，再放入
心形模具中，压出形状即可。

美味关系　**海鸥食堂**

短评　干净、缓慢、柔和的电影，又有那么一丝怪诞有趣，就像包了酸甜果肉的饭团。

摘录　"如果明天就是世界末日，今天你要干什么？"

　　　"要吃很多好吃的，叫上喜欢的人。"

咖啡 + 维也纳苹果卷

厨室机密 维也纳苹果卷

材料

1. 面皮：高筋面粉100克，油20毫升，温水50毫升，白醋5毫升，盐1克

2. 内馅：苹果半个，葡萄干20克，朗姆酒20毫升，面包糠（做法见62页）、杏仁碎、核桃碎适量，黄油30克，砂糖20克，肉桂粉半小勺，柠檬汁少许，糖粉适量

做法 面皮制作

1. 将面粉和盐混合，一边缓缓加入油、温水、白醋的混合物，一边

用手动打蛋器慢慢搅拌。揉面至柔软光滑，需要的话加入适量的水做调节。

2. 面团表面抹油，松弛30~90分钟。

3. 在足够大的台面上覆盖餐布，略撒面粉，将面团放置其上，擀得尽量的薄。

4. 用手在面皮下，由中间向四周轻扯，直到面皮薄透。如果不好拉扯，可以将面皮静置几分钟后再拉扯。

5. 将面皮扯成30厘米×50厘米大小的长方形。不必在意面皮上扯出的小洞，只要厚薄均匀，尺寸达标即可。

苹果卷制作

1. 苹果去皮去核切小丁，挤上柠檬汁抓匀。将葡萄干浸泡在朗姆酒中。砂糖和肉桂粉混合。

2. 中火融化黄油，用一半黄油翻炒面包糠约3分钟，彻底冷却后，拌上一部分混合好的砂糖和肉桂粉。

3. 在面皮上刷上另一半融化的黄油，撒上面包糠。在近身一侧（短边）的一半面皮上撒上杏仁碎、核桃碎、苹果丁、葡萄干以及剩余的砂糖、肉桂粉。先将面皮两边往中间折起，然后从近身一侧（里）向外卷起。

4. 放入预热好的烤箱，200℃烤20~30分钟。冷却至室温，撒上糖粉，切开食用。

美味关系　# Not Going Anywhere

短评　Keren Ann简单干净的声音适合任何时候来听，尤其是燥热的夏天夜晚，一开始播放，就能带你去到另一个有潮水涨落，有美丽夜空，有温柔海风的世界。

摘录　Life is a mellow dream almost unspoken.

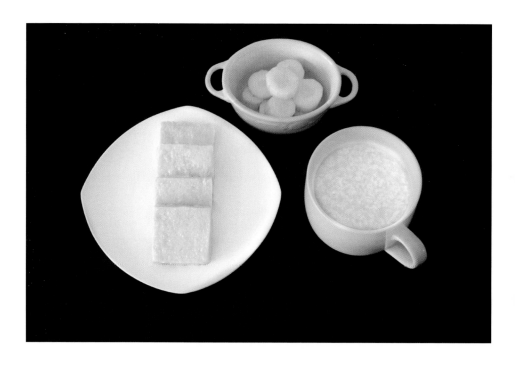

白粥 + 鸡蛋煎馒头 + 柠檬汁渍黄瓜

厨室机密 ## 鸡蛋煎馒头

材料 鸡蛋1个，馒头1个，油、盐适量

做法 鸡蛋打散加入盐拌匀。馒头切片。锅中热油，馒头裹上蛋液入锅小火煎至金黄即可。

美味关系　恰似水之于巧克力

短评　男女主人公因家族传统阻隔，历经数十年，却依然忠实于心中的爱情。该小说被誉为美食版《百年孤独》，后改编为电影《巧克力情人》。

摘录　这些声音，这些气味，特别是炸芝麻的香味告诉佩德罗，烹调的真正快乐即将到来了。

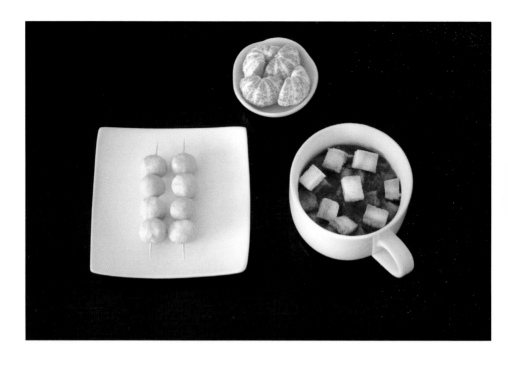

茄汁面包丁 + 咖喱鱼蛋 + 橘子

厨室机密　茄汁面包丁

材料　吐司1片，西红柿1个，番茄酱2大勺，淀粉2小勺，水100毫升，砂糖、盐、红酒适量

做法　1. 吐司去边切丁，放入预热好的烤箱中层，200℃烤6分钟。

2. 将2小勺淀粉和100毫升水调合成水淀粉。

3. 西红柿去皮切小块，放入锅中，加入番茄酱、红酒和水淀粉，大火煮开转小火，放入盐和砂糖调味，煮至黏稠。

4. 食用前放入烤好的吐司丁。

美味关系　眼　镜

短评　跟《海鸥食堂》是同一个导演的片子，美食美景，恬淡生活，看电影的同时心绪也跟着轻松起来。

摘录　早上好，又是美好的一天!

抹茶糯米粥 + 白煮蛋 + 火龙果

厨室机密 抹茶糯米粥

材料　糯米1/4杯，白米1/4杯，冰糖适量，抹茶粉1小勺

做法　1. 糯米和白米混合洗净，倒入电饭锅内加入五倍的水，打开电源开
　　　　　 关。

　　　　　2. 粥快熟之前加入冰糖，抹茶粉加一点点水混合均匀加入粥中搅
　　　　　 匀。

Tips　冰镇后食用更佳。

美味关系　枕草子

短评　日本平安时代的散文集，与《源氏物语》一起被誉为日本古典文学的双璧，文字温婉清新且随性，随时翻起一页就可以一直读下去。

摘录　嫩蕨菜煞是可怀念啊。
胜过寻访子规，
去听它的叫声。

咖啡 + 吐司煎蛋 + 苹果

厨室机密　吐司煎蛋

材料　　吐司2片，鸡蛋2个，油、盐、黑胡椒适量，切模工具1个（我用的是心形的饼干切，没有的可以用杯子沿，或者用刀刻）

做法　　吐司中间用切模工具镂空。平底锅内用厨房纸巾蘸油涂抹一遍，放入吐司，在镂空的部分打入鸡蛋（温柔点别把蛋黄磕破了），小火煎至蛋白凝固，小心铲出装盘，食用前撒上盐和黑胡椒。

Tips　　煎蛋的关键就是小火，不习惯吃半熟鸡蛋的也不要一直煎，可以小心铲起后放入微波炉小火力加热至全熟。

美味关系 　伊　甸

短评　德国产的法式片，美食和爱情——美食诱人，爱情感人。

摘录　"做出这么好吃的食物，秘诀是什么？"

　　　"想着你。"

柠檬茶 + 油炸奥利奥 + 圣女果生菜色拉

厨室机密　　## 油炸奥利奥

材料　　奥利奥1包（推荐抹茶味），鸡蛋1个，普通面粉60克，油、水适量

做法　　面粉加鸡蛋加水调成糊，奥利奥裹面糊后入油锅炸至金黄即可。

美味关系	美食家

短评　经典的法国喜剧，一九七六年出品。略微讽刺的是，三十多年前预言的食品问题，现在都变成现实了。

摘录　酒离不开土地，这土稍稍带有点儿沙粒，是梅多克土。酒同样离不开阳光，酿造这种酒的葡萄，曾经沐浴在西南山坡充足的阳光里，那是圣朱里安——这是里奥维尔·拉斯卡斯酒庄一九五三年的酒。

牛奶燕麦 + Omelet

Omelet

材料　鸡蛋2个（挑个大的,要是太小了就要3个），吐司1片,青豆、胡萝卜丁、玉米粒适量（加起来有米杯的1/3，我用的是速冻的，如果用新鲜蔬菜请先切成丁），油、盐适量

做法　1. 鸡蛋打散加10毫升左右的水。吐司去边切丁。

　　　　2. 用厨房纸巾蘸油在锅底刷一遍，倒入2/3的蛋液，最小火煎至下层凝固。

3. 另取一锅，放适量油倒入青豆、胡萝卜丁、玉米粒炒熟，出锅前撒盐拌匀。

4. 将炒熟的蔬菜放在蛋皮上，撒上吐司丁，撒的时候集中一点，不要散得到处都是。小火煎半分钟。

5. 把剩下的蛋液倒在表面上。

6. 卷起一半，覆盖住另一半，再用小火煎半分钟。

7. 翻面煎至蛋液凝固，装盘，淋上番茄酱即可。

美味关系 # 朱莉与朱莉娅

短评　每天一份食谱，就像每天往生活里加入一份浪漫和趣味。影片的色调和配乐都很温馨，故事也很动人。

摘录　你是我面包上的黄油，我生命中不可或缺的呼吸。

香草奶茶 + 全麦葡萄干司康

厨室机密　全麦葡萄干司康

分量　9块

材料　全麦面粉100克，糖粉45克，黄油30克，葡萄干30克，朗姆酒30毫升，泡打粉1小勺，牛奶2大勺，偏小的鸡蛋1个，盐1/4小勺

做法　1. 在葡萄干里倒入朗姆酒，浸泡半小时。

　　　　2. 将黄油软化，与全麦面粉混合。用手将软化的黄油与面粉揉搓至完全混合均匀，搓好的面粉呈粗玉米粉的状态。

3. 用手动打蛋器将鸡蛋打散，和牛奶一起加入面粉之中。蛋液不要加完，留一点在第6步刷蛋液用。将面粉揉成面团。

4. 倒入浸泡后滤干的葡萄干，再轻揉30秒，使葡萄干均匀分布在面团里。面团不要过度揉捏，以免面筋生成过多影响成品的口感。

5. 将面团擀成1.5厘米厚的长方形面片，再切成小三角形。

6. 将小三角形面片排列在烤盘上，表面刷一层蛋液。

7. 放入预热好的烤箱，200℃烤15分钟左右，至表面金黄即可。

美味关系　地狱厨房

短评　一档英国选秀节目，后由美国福克斯电视台（FOX）改编播出。虽然有时候过于渲染选手之间的不和，但里面的食物还是很诱人，西餐的摆盘总是那么简单精致。

摘录　勇士们展现着对烹饪的热情和执着的梦想。

薄荷茶 + 蒜蓉吐司脆 + 杂蔬色拉

厨室机密　## 蒜蓉吐司脆

材料　吐司2片，蒜瓣4个，黄油30克，盐适量

做法　黄油融化，蒜瓣磨蓉，如没有磨蓉器可用刀尽量将其切碎。蒜蓉与黄油混合。吐司去边切成自己喜欢的形状，抹上蒜蓉黄油，撒上盐，放入预热好的烤箱，180℃烤8~12分钟。

美味关系　我们每日的面包

短评　一部看完会让人沉默的纪录片，食品制造渐渐被工业化流水线代替的时代，背后有多少我们不知道的残酷真相。本片无解说、对白，只有单调的机械轰鸣声。

摘录　……

红豆小米豆浆 + 金枪鱼寿司 + 圣女果

金枪鱼寿司

材料　金枪鱼罐头半个，寿司饭1碗（寿司饭做法见50页），海苔1片，盐和黑胡椒适量

做法
1. 取金枪鱼肉捣碎，加入盐和黑胡椒拌匀。
2. 取适量米饭，双手沾水或用湿笼布包裹将米饭捏成长方形。
3. 海苔剪成长条状，海苔短边应高于米饭约1厘米。
4. 用海苔将米饭边围住，海苔沾一点水即可黏合固定。米饭上放已调味的金枪鱼肉。吃时可佐酱油和芥末。

美味关系　料理东西军

短评　日本王牌美食节目，每次介绍两种特级材料，另有从材料产地到制作工艺的详细介绍，顶级味蕾的奢侈享受。后改版为《新料理东西军》。

摘录　中华甜品抓住了女儿心。纯白的跃动感，异国风情的杏仁香，引诱你进入杏仁豆腐的甜美世界。

黑加仑果茶 + 椰香黑糯米饭配木瓜

厨室机密 ## 椰香黑糯米饭配木瓜

材料 黑糯米，椰子粉（或者椰浆、椰奶），冰糖，木瓜（或者其他口感甜软的水果）

做法 1. 黑糯米洗净用清水浸泡两小时以上，放入电饭煲中，加椰子粉和适量冰糖，调至"保温"档，以低温加热的方式焖熟。焖的时间要比焖普通饭长很多，因为黑糯米不易熟，嫌慢可以先正常煮熟，再加水焖。

2. 将焖熟的黑糯米饭放入小碗，压实后倒扣在盘上，配切好的木瓜
   或别的水果即可食用。

美味关系　**心灵厨房**

短评　美食、音乐，还有充满欢乐的小细节。一个小小的餐馆让本不相干
的人聚在一起，拥有了友情、爱情，幽默又激动人心。

摘录　我能讲个故事给你听吗？

蔬菜河粉 + 梨

蔬菜河粉

材料　干河粉一把，萝卜1块，鱼丸、白菜适量，盐适量

做法　1. 河粉放入水中泡发，萝卜去皮切薄片，白菜洗净切成段。

　　　　2. 锅内加适量水烧开，放入河粉煮5分钟左右，加入所有配菜再煮5分钟，盛出前撒入盐拌匀即可。

美味关系 随园食单

短评 清人袁枚的随笔，收录了几百种江南菜点，古语写的食谱十分有韵味，作者对饮食的见解也让人十分受用。

摘录 浓厚者，取精多而糟粕去之谓也，若徒贪肥腻，不如专食猪油矣。清鲜者，真味出而俗尘无之谓也，若徒贪淡薄，则不如饮水矣。

柠檬姜茶 + 金枪鱼三明治 + 香草芝士冻

厨室机密 ## 金枪鱼三明治

材料 吐司3片，金枪鱼罐头1/3个，色拉酱、盐、黑胡椒适量，罗勒一小把

做法 金枪鱼捣碎，加入盐、黑胡椒和罗勒拌匀，吐司去边加热，抹上色拉酱，放上拌好的金枪鱼，切成三角形即可。

美味关系　**料理仙姬**

短评　用心烹饪的美食，再简单也会拥有无比动人的美感。

摘录　她虽然做得慢，但是我愿意等。

咖啡 + 香草芝士小蛋糕 + 草莓

厨室机密 ## 香草芝士小蛋糕

分量 中号硅胶模4个

材料
1. 蛋糕底：黄油30克，砂糖20克，低筋面粉30克，鸡蛋1个，泡打粉1/4小勺，酸奶10克
2. 芝士顶：奶油奶酪100克，砂糖40克，鸡蛋1个，酸奶50克，香草精2克，杏仁碎适量

做法　蛋糕底制作

1. 将黄油软化，加砂糖，用电动打蛋器将其打发至体积蓬松，颜色变浅。

2. 分两次加入鸡蛋，继续用电动打蛋器打发。每一次都要将鸡蛋和黄油搅打至完全融合后再加下一次。搅打完成后的黄油应呈现蓬松、细腻的质地。

3. 低筋面粉和泡打粉混合过筛，加入上一步的黄油中。此时不需搅拌，倒入酸奶。

4. 用橡皮刮刀拌匀，使面粉和黄油完全混合，成为面糊。

5. 将面糊倒入模具，2/5满，放入预热好的烤箱，180℃烤15分钟，烤至表面微微金黄即可出炉。

芝士糊制作

1. 奶油奶酪室温软化，或隔水加热软化，加入砂糖，用电动打蛋器打至顺滑。

2. 分两次加入鸡蛋，用电动打蛋器搅打均匀。

3. 倒入酸奶，用电动打蛋器搅打均匀。

4. 倒入香草精，用电动打蛋器搅打均匀，成为芝士糊。

芝士小蛋糕制作

1. 将芝士糊倒入已出炉的蛋糕表面。

2. 在芝士糊顶部放上一些杏仁碎作为装饰，或放上你喜欢的其他坚果碎。

3. 将模具重新放入烤箱，将温度调为160℃，烤15分钟左右即可出炉。出炉后的蛋糕，待完全冷却后脱模。放入冰箱冷藏可保存3天左右。

Tips　1. 制作这款小蛋糕，用你喜欢的任何麦芬蛋糕模具均可（纸模、金属模、硅胶模都行）。麦芬蛋糕模具规格繁多，不同大小的模具制作的数量可能不一样，可灵活调整。建议不要用太大的模具来制作这款蛋糕。

2. 如果不喜欢酸奶，可以用牛奶代替。

3. 在已出炉的蛋糕表面倒入芝士糊然后重进烤箱之后，烤温应尽量控制在160℃以内。如烤的时候芝士顶部开裂，说明温度太高。

4. 做蛋糕底时，模具中的面糊不要装得太多，因为烤后会膨胀，以至影响到下一步芝士糊的容量。

美味关系　# 香料共和国

短评　像书一样的电影，故事耐人寻味。"小茴香味道强烈，能让人变得内敛，肉桂能让人两情相悦。"

摘录　人生中，有两种旅人，一种看着地图，一种看着镜子。看地图的人是要离开，看镜子的人是要回家。

小米粥 + 玉米小窝头 + 柚子

厨室机密　玉米小窝头

材料　细玉米面60克，普通面粉60克，砂糖20克，温水适量

做法　1. 细玉米面和面粉混合，加入砂糖，温水和面。为了增加口感，还可以加入小米面、粟米面、蜂蜜，和面的时候可以用牛奶代替温水。

　　　　2. 将和好的面团揪成大小一致的剂子，取剂子放左手心，搓成圆球状，用右手拇指尖蘸少许水，顶住面剂一头，左手拿住面转动，做成窝头形状即可。窝头的个头可以做小一点，方便一口一个。

3. 将捏好的小窝头放进蒸锅，旺火蒸12～15分钟即可。

美味关系

麦兜当当伴我心

短评 又一部麦兜电影，依旧有笑点有泪点，逗你发笑惹你流泪，原声非常好听。"当我们开心、伤心，当我们希望、失望，我们庆幸心里总唱着一首歌，让硬邦邦的世界不至硬进心里，让软弱的心不至倒塌不起。"炫动传播、天才香港、新华展望联合制作。

摘录 春风亲吻我，像蛋蛋蛋蛋挞
水面小蜻蜓，跳弹弹弹弹点点头
点点春雨降，像葡葡葡提子
万物待生长，风在期待出发

可可奶 + 巧克力杏仁棒

厨室机密 巧克力杏仁棒

材料 黄油45克，糖粉50克，鸡蛋半个，低筋面粉100克，美国大杏仁（切碎）25克，可可粉12克，小苏打粉1/8小勺，杏仁香精数滴

做法
1. 黄油软化后，将糖粉倒入盛黄油的碗里，用手动或电动打蛋器把糖粉和黄油搅拌均匀。这款饼干不需要打发黄油，所以不需搅打太久。

2. 分次加入鸡蛋，至少分两次。加入鸡蛋后用手动或电动打蛋器搅拌，每一次都要让鸡蛋与黄油完全融合后再加下一次。

3.　滴几滴杏仁香精到黄油里，用手动或电动打蛋器搅拌均匀。

4.　将低筋面粉、可可粉、小苏打粉混合过筛，加入到盛黄油的碗里，再加入切碎的大杏仁，用手揉成一个面团。

5.　把揉好的面团放在案板上，用擀面杖擀成长方形面片。切去不规整的边角，使面片成为规整的长方形。

6.　再用刀把长方形面片切成长条。

7.　把长条摆进烤盘，放进预热好的烤箱，190℃烤12分钟左右，至按上去比较硬即可。冷却后密封保存。

Tips

1. 杏仁香精（Almond Essence）在大型超市的进口调料货架上可以找到。一次只需要几滴就够，不要多放。如果买不到，可以省略不放。

2. 第4步只要揉成面团即可，千万不要反复揉，以免面筋形成过多导致口感欠佳。

3. 切下来多余的面片边角，可以揉成团再次擀开使用。不过做出来的杏仁棒口感会比第一次稍硬。

4. 巧克力杏仁棒在烤的时候不太会变色，烤的时候尤其要注意火候。如果按上去感觉硬硬的，就可以出炉了。

美味关系 ## 查理和巧克力工厂

短评 即使已经长大成人，我仍希望可以像电影中那五位幸运的孩子，得
到巧克力里面的那张金券，拥有可以吃一辈子的巧克力和糖果。

摘录 "你们怎么这么矮啊，哈哈。"

"可我们还是孩子啊。"

"我还是孩子的时候，也从来没有这么矮过。"

"你有。"

"没有。因为我总是戴着帽子。嘿嘿。"

皂角米粥 + 鸡蛋烙饼

厨室机密 ## 鸡蛋烙饼

材料　普通面粉100克，鸡蛋1个，油、盐适量

做法　1. 鸡蛋加盐打散，蛋液倒入面粉里揉成面团。

　　　2. 把面团分成大小相等的剂子，擀成饼状。

　　　3. 锅内刷一层均匀的油，放上面饼，在面饼上再刷一层油，小火煎
　　　 1分钟翻面，再在翻过来的面饼上刷一层油，反复两三次至表皮
　　　 金黄即可盛出食用。

美味关系　四月碎片

短评　不谙厨事的女孩在经历种种曲折后完成感恩节大餐，寻回曾经离席的亲情。小成本和极短的拍摄时间完全无碍于它成为一部温馨感人的好电影。

摘录　爱，是一个奇迹。

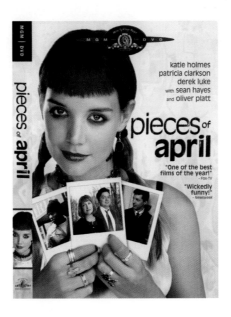

提拉米苏 + 草莓

厨室机密　提拉米苏

分量　200毫升高脚杯2杯

材料　1. 马斯卡彭奶酪250克，蛋黄1个，砂糖60克，淡奶油120毫升，咖啡酒50毫升（不需用完），手指饼干（超市有售）75克，可可粉适量，糖粉适量（仅为装饰用）

2. 如没有马斯卡彭奶酪，可使用奶油奶酪替代。用奶油奶酪替代马斯卡彭的材料为：柠檬汁5克，淡奶油45克，奶油奶酪200克

做法　（制作步骤1~4是没有马斯卡彭奶酪时的替代方法，如果有马斯卡彭奶酪，请从第5步开始）

1. 将45克淡奶油倒入一只碗中。

2. 将柠檬切开，用手挤出柠檬汁盛于另一只碗中。

3. 将5克柠檬汁加入45克淡奶油中，轻轻用手动打蛋器搅拌，淡奶油会逐渐成为固态。

4. 用电动打蛋器将奶油奶酪打软，将上一步的固态淡奶油加入其中，用手动或电动打蛋器混合均匀。

5. 将60克砂糖放入蛋黄中。锅中烧热水，将盛蛋黄的碗放入锅中，隔水加热，但不可煮沸，同时不断用手动或电动打蛋器搅拌，直到砂糖溶解，蛋黄颜色发白待用。

6. 将120毫升淡奶油用电动打蛋器打至七成发，不要打太硬。

7. 用电动打蛋器将马斯卡彭奶酪打至顺滑，和第5步中的蛋黄、第6步中的淡奶油混合，再用电动打蛋器搅拌均匀，即成奶酪馅。

8. 取一根手指饼干，在咖啡酒里快速地浸泡一下，铺到酒杯底部。然后，在酒杯里倒入一部分奶酪馅。

9. 在奶酪馅上再铺一层快速浸泡过咖啡酒的手指饼干，再倒满奶酪馅，抹平整，放入冰箱冷藏4小时以上。吃之前撒上可可粉。如果喜欢，可用糖粉在表面做一些装饰。

美味关系　# 一个人住第5年

短评　自由随性，又有一点小寂寞小苦恼，这就是一个人住的生活。

摘录　总算到了喝啤酒时间，一个人一边看电视，一边悠闲地喝啤酒，这乃是我休息片刻的好时光。

黑芝麻糊 + 粢饭糕

厨室机密　　## 粢饭糕

材料　　糯米1杯，鸡蛋1个，油适量

做法　　1. 糯米洗净用电饭煲煮熟，水米比例与日常煮饭一样，煮好的糯米
放入保鲜盒内，压实压平，放入冰箱过夜。

2. 从保鲜盒内取出糯米，用沾过水的菜刀将其切成方形。切糯米的
时候在下面垫一块潮湿的笼布以防止糯米粘到砧板上。

3. 鸡蛋打散，取切好的糯米块裹上蛋液，入锅炸至金黄即可，食用时可佐以蜂蜜或炼乳。

美味关系　料理鼠王

短评　巴黎美景，法国美食。一只小老鼠实现自己料理梦想的故事。只要用心，Anyone can cook。

摘录　美食就像吃得到的音乐，闻得到的颜色，你随时随地都可以接触到的，只要你停下脚步去细细品尝。

椰汁西米露 + 玛格丽特小饼 + 香蕉

厨室机密 玛格丽特小饼

分量 20个

材料 低筋面粉50克，玉米淀粉25克，吉士粉25克，黄油50克，水煮蛋1个（取用熟蛋黄），盐0.5克，糖粉30克

做法 1. 鸡蛋凉水下锅，浸泡几分钟后，开中火直到水沸。水沸后煮大约8分钟捞出，放凉水里冷却。煮到这个程度的蛋黄较为干爽，接下来容易通过筛网。剥壳，取其蛋黄，将蛋黄置于筛网上，用

手指按压，使蛋黄通过筛网，成为蛋黄细末。

2. 黄油软化，加入糖粉和盐，用电动打蛋器打发至体积稍微膨大，颜色稍微变浅，呈膨松状。

3. 倒入过筛后的蛋黄，用手动或电动打蛋器搅拌均匀。

4. 低筋面粉、吉士粉和玉米淀粉混合过筛，加入到黄油中，然后用手揉成面团。揉好的面团应略微偏干，不过分湿润，但也不会因过干而散开。

5. 将面团用保鲜膜包好，放进冰箱冷藏。冷藏后的面团将更为干硬，拇指按压的时候更容易绽放出漂亮的裂纹。如果无条件，也可不用冷藏。1小时后，取出冷藏的面团。

6. 掰一小块面团，揉搓成小圆球，然后将小圆球放在烤盘上，用大拇指按扁。按扁的时候，小饼会出现自然的裂纹。

7. 按步骤6依次做好所有小饼，然后放入预热好的烤箱，170℃烤15～20分钟，至边缘稍微焦黄即可。

美味关系　# 美食、祈祷和恋爱

短评　风景很美，食物很美，一场自我对话的旅行。

摘录　当我望进你的眼睛，我听到海豚拍手的声音。

小米豆浆 + 玉米面烙饼

厨室机密 ## 玉米面烙饼

材料 　细玉米面50克，普通面粉100克，油、水适量

做法 　1. 玉米面与面粉加水和成面团，分成大小相等的剂子，擀成饼状。

　　2. 锅内刷油，放上面饼，面饼正面再刷一层油。

　　3. 小火煎30秒，翻面，刷油。

　　4. 重复第3步两三次至表面金黄微白，即可盛出，食用时佐蜂蜜或
炼乳。

美味关系　# C'est La Vie

短评　整张CD正如专辑的名字"这就是生活"一样，有轻松随意的"自然卷"，有让人伤怀的"明信片"，还有有时候快乐有时候伤感的，"C'est La Vie"。

摘录　红色的瓶子里装着我们开心的回忆
　　　你说那很幸运不可以忘记

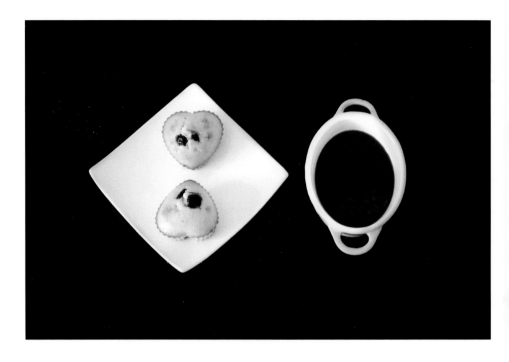

红豆汤 + 蓝莓玛芬

厨室机密 ## 蓝莓玛芬

分量 中号硅胶模4个

材料 低筋面粉50克，泡打粉1克，黄油30克，砂糖25克，鸡蛋1个，牛奶30克，蓝莓干30克，朗姆酒适量

做法
1. 蓝莓干用朗姆酒浸泡半小时以上。黄油软化，加入砂糖用电动打蛋器打发至体积蓬松，颜色变浅。
2. 用手动或电动打蛋器将鸡蛋打散，分三次加入黄油中，每加一次都需用手动或电动打蛋器将鸡蛋和黄油搅拌至完全融合。

3. 将牛奶倒入打发好的黄油里，此时不需要搅拌。

4. 面粉、泡打粉混合过筛，加入黄油里，然后用橡皮刮刀从底部往上翻拌，直到面粉全部湿润，成为均匀的蛋糕面糊。

5. 加入朗姆酒浸泡过的蓝莓干，拌匀，然后倒入模具2/3满。

6. 放进预热好的烤箱，185℃，20～25分钟，烤至充分膨胀，表面金黄即可。

美味关系 # Lenka

短评　色彩斑斓又古灵精怪的一张专辑，像有温暖阳光的午后，在咖啡里加入软软甜甜的棉花糖，让人觉得分外甜蜜。

摘录　I'm just a little bit caught in the middle
　　　Life is a maze and love is a riddle

红豆小米豆浆 + 玉米色拉寿司 + 猕猴桃

厨室机密 ## 玉米色拉寿司

材料 熟玉米粒100克，寿司饭1碗（寿司饭做法见50页），海苔1片，色拉
酱适量

做法 1. 在熟玉米粒里加入色拉酱拌匀。

2. 取适量寿司饭，双手沾水或者用湿笼布包住捏成长方形。海苔剪
   成长条状，海苔短边约比寿司饭高1厘米。

3. 用海苔将寿司饭边围住，海苔沾点水即可黏合固定，寿司饭上放

玉米色拉即可。吃时可佐酱油和芥末。

美味关系　远在天边

短评　一个初秋的早上，居住在海边小镇的小男孩，刚要把一片烤吐司塞进嘴里，门铃响起，门口出现了一只迷路的企鹅，它饥肠辘辘，无所依靠。为了将企鹅送回南极，小男孩造了一条小船，和企鹅一起踏上了未知的旅途。可爱的人物设定、温暖的色调和童话式的剧情，每一个人都会为之感动。

摘录　你从来没有想过，和一个出现在你生命里的人道别竟是如此艰难。

牛奶 + 蛋烧 + 梨

厨室机密 ## 蛋 烧

材料 鸡蛋3个，鱼丸2个，葱少量，油、盐适量

做法 1. 鱼丸切碎，葱切成小段，加入鸡蛋和盐打散拌匀。

2. 小平底锅内刷上一层均匀的油，倒入一半蛋液，中火加热到半熟，用筷子或锅铲从右向左卷起，然后推至右边。

3. 往左边继续倒入剩下的蛋液，把之前卷起的鸡蛋轻轻抬起，让蛋液布满整个平底锅，再小火加热到半熟，从右向左卷起再稍微加热即可盛出，切块食用。

美味关系 # 午餐女王

短评　很清新很美味很欢乐的日剧，每个演员都很可爱。

摘录　吃吧，这混合着泪水的味道，就是人生的味道。

ランチの女王
http://www.fujitv.co.jp/jp/lunch

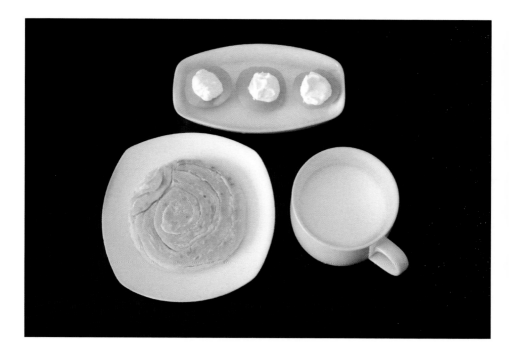

全豆豆浆 + 手撕饼 + 奶油黄桃

厨室机密 ## 手撕饼

材料 普通面粉110克，黄油20克，盐1.5克，30℃左右的开水约60克

做法
1. 90克面粉倒入容器中，分次加入温水，一边加水，一边用筷子搅拌，待面粉呈雪花状后，用手揉成光滑的面团，松弛20分钟。

2. 黄油隔热水溶化后稍微冷却一下，然后倒入另20克面粉，再加入盐，用勺子搅拌均匀，制成油酥，备用。

3. 将松弛好的面团擀成约3毫米厚的长方形面片，用勺子在面片上均匀地抹一层油酥，然后从宽边起将面片从一端卷到另一端，应卷得稍微紧一些。

4. 把卷好的面压扁，用刀沿纵向切为两条，然后将两条切口向上，合并在一起，卷成卷儿。这时的卷儿有点类似一盘卷好的卷尺，切口仍然是向上的。松弛20分钟，再用手将其压扁，然后用擀面杖将其擀成薄薄的一张饼。

5. 将平底锅烧热后倒入一点油，放入薄饼，盖上盖子，用中小火烙制。烙制约1分钟后，在面饼表面刷薄薄的一层油，翻面后再烙，反复两次，至两面金黄时，饼就好了。冷吃热吃均可以。

Tips　1. 和面的时候，水要一点点地加，不要一次全倒进去，边搅边加，这样面和水的比例更容易掌握。

2. 面皮要擀得薄厚均匀，最后烙好的饼层次才明显。

3. 如果没有黄油，可以用食用油来代替做油酥。油的起酥效果依次是猪油、黄油、植物油。

4. 烙饼的时候要勤翻面，勤刷油，这样烙出来的饼才酥脆。

美味关系　# 橱柜童子

短评　一个宅女的日常魔幻生活，简单温情又治愈。

摘录　"你在做什么呢？"
"香辣红烧萝卜皮。"
"好像很有意思呢。"
"我随时都可以教你哦。"

红豆糯米粥 + 抹茶酥

抹茶酥

分量 10个

材料
1. 水油皮：中筋面粉80克，砂糖20克，黄油20克，水30克
2. 油酥：低筋面粉50克，黄油25克，抹茶粉2克
3. 馅料：红豆沙适量

做法
1. 把80克中筋面粉、20克砂糖、20克黄油、30克水混合后用手揉成水油皮面团。需要稍微多揉一会儿，直到面团表面光滑。再把50

克低筋面粉、25克黄油、2克抹茶粉混合用手揉成油酥面团。两个面团分别松弛30分钟。

2. 用手掌把水油皮面团压扁，然后，在上面放上油酥面团。

3. 用水油皮把油酥面团包起来，收口朝下，用手掌再次压扁。

4. 在案板上撒一薄层面粉防粘，把面团擀成长方形面片。

5. 把长方形面片的一端向中心线翻折过来。

6. 把另一端也向中心线翻折。

7. 两端都翻折好的面片，再沿中心线对折，类似叠被子。

8. 折叠好的面片，转90度，横过来，再次擀成长方形。

9. 重复第5~7步，再一次折叠。折叠的面片松弛20分钟。

10. 松弛好的面片，横过来再次擀成长方形。

11. 沿着长方形的长边，把面片卷起来，然后，用刀切成10份。切开的面团，在切面可以看到绿白分明的线条。

12. 面团切面朝上，压扁，擀成圆形薄片。包入豆沙，收口。

13. 将收口朝下放入烤盘，放进预热好的烤箱，180℃烤25分钟左右。

美味关系 # 微观小世界

短评　很适合夏天看的喜剧动画，每集五分钟。片中的蜘蛛、瓢虫、蜻蜓、蚂蚁、蜜蜂们吃喝玩乐，调皮捣蛋。影片没有台词，有一种午后的宁静感。

摘录　……

柠檬水 + 芝士蛋糕

厨室机密 ## 芝士蛋糕

分量 6寸圆模1个

材料
1. 蛋糕底：消化饼干（超市有售）100克，黄油50克
2. 蛋糕体：奶油奶酪250克，鸡蛋1个，砂糖50克，淡奶油60毫升

做法 准备工作
将奶油奶酪放到室温下软化。

蛋糕底制作

1. 取一个保鲜袋，把消化饼干放入其中。

2. 扎紧保鲜袋口，用擀面杖把消化饼干压成碎末，盛出备用。

3. 黄油切小块，隔水加热溶化至液态。

4. 把消化饼干碎末倒进黄油里。

5. 用手把消化饼干碎末和黄油抓匀。

6. 把抓匀的消化饼干碎末倒进6寸的蛋糕模，均匀地铺在蛋糕模底部，压平压紧。可以用杯底压，压不到的地方再用小勺压。铺好饼干底后，把蛋糕模放进冰箱冷藏备用。

蛋糕体制作

1. 撕开奶油奶酪的包装，把奶油奶酪放进一个大碗里。

2. 取一锅，倒入热水，把盛奶油奶酪的大碗放进锅里，隔水加热至奶油奶酪彻底软化。

3. 在碗里加入砂糖，用电动打蛋器把奶油奶酪和砂糖一起打至顺滑，成为芝士糊。

4. 把鸡蛋加入芝士糊里，用电动打蛋器搅打均匀。

5. 把碗从热水里拿出，在芝士糊里倒入淡奶油，用电动打蛋器搅拌均匀即成制作蛋糕体的芝士蛋糕糊。

芝士蛋糕制作

1. 将芝士蛋糕糊倒入已铺好饼干底的蛋糕模里。

2. 把蛋糕模放入烤盘，并在烤盘内注入1~2厘米高的清水，中途水干了应再加水。把蛋糕模连同烤盘一起放入预热好的烤箱，160℃烤1小时。取出后放入冰箱冷藏4小时以上，脱模即可食用。

Tips

1. 消化饼干要尽量压得碎一些。

2. 制作芝士蛋糕的奶油奶酪，又叫奶油干酪、奶油芝士等，英文名是Cream Cheese。这种奶酪清爽细腻，质地柔软，是制作芝士蛋糕的不二选择，一定不要买错了。

3. 烤芝士蛋糕采用水浴法，如果是活底模，注意一定要把底部用锡纸包好，以防烤制的时候水浸入蛋糕。

4. 切芝士蛋糕的时候，可先将刀在火上稍微烤一下，或在开水里泡一下，这样可以把蛋糕切得非常平整。每切一刀前，都要将刀子擦拭干净并重新加热。

5. 推荐用活底模制作芝士蛋糕，因芝士蛋糕非常细软，如果用固底模，脱模将会非常困难。

美味关系　# 玛丽和马克思

短评　备受好评的澳大利亚动画，讲述两个孤独者之间的心灵交流，每一个感情的细节都描述得很完整，有点小伤感但依旧温暖人心。

摘录　每个人的生命，就像一条长长的人行道。有些人的道铺得很平整，另一些，就像我的，到处是裂缝、香蕉皮和烟头。你的人行道和我的相似，只是可能没有那么多裂缝吧。但愿有一天，我们的人行道会相遇，我们可以分享一罐炼乳。你是我最好的朋友，你是我唯一的朋友。

咖啡 + Stollen

厨室机密　　## Stollen

分量　　2个

材料
1. 牛奶80克，快速干酵母4克，高筋面粉100克
2. 黄油80克，砂糖40克，盐2.5克，鸡蛋1个，杏仁精1克，柠檬皮1克，香草精1克，肉桂粉1克
3. 高筋面粉100克
4. 葡萄干60克，混合水果干70克，美国大杏仁30克，朗姆酒适量

5. 融化的黄油适量，糖粉适量

做法　1. 把材料4中的葡萄干、混合水果干用朗姆酒浸泡一晚。

2. 把材料1混合在一起，揉成面团，盖上湿布或保鲜膜，放在温暖的地方发酵至2倍大（一次发酵）。在28℃的室温下，放置30分钟左右，即可发酵到2倍大。如果温度较低，则时间会延长。

3. 在面团发酵时，将材料2中的黄油软化，加入砂糖、盐混合。再分三次加入鸡蛋，用手动打蛋器搅拌均匀。然后加入杏仁精、香草精、切成屑的柠檬皮、肉桂粉，用手动打蛋器搅拌均匀，成为黄油糊。

4. 把已经发酵好的面团撕成小块，放入黄油糊里，用手动打蛋器搅拌均匀。

我的手摇咖啡磨，但本章的这款咖啡是速溶的

127

5. 加入材料3（高筋面粉），揉成面团。刚开始揉会很黏手，一直揉下去，直到面团表面光滑，时间需10多分钟。

6. 在揉好的面团里加入材料4中的美国大杏仁及沥干的葡萄干、混合水果干，继续揉一两分钟，使它们均匀分布在面团中。

7. 将面团在室温下静置30分钟（中间发酵），然后分成两份，揉成圆形，在室温下松弛15分钟。

8. 取一个面团，擀成1.5厘米厚的圆形，对折，注意下面的边要比上面的边多出1.5厘米左右。另一面团如法炮制。

9. 放入烤盘，在温度38℃、湿度80%以上的环境下进行最后发酵（二次发酵）。

10. 面团发酵至体积增大了3/4时，在其表面刷一层溶化的黄油，放入预热好的烤箱，190℃烤25分钟左右，直到表面成红棕色。

11. 将烤好的面包取出，立刻在表面刷一层溶化的黄油，冷却后撒上一层厚厚的糖粉即可。密封保存，一星期后食用最佳。

一星期后吃的Stollen

美味关系 等一个人咖啡

短评 九把刀的爱情小说，充满想象力，各种乱入各种搞笑，欢快又温
馨，还有各种各样的咖啡知识。

摘录 虽然迟了一个多小时，但对爱情来说，永远一点都不嫌晚。

柚子茶 + 蜂蜜烤吐司

厨室机密　## 柚子茶

材料　柚子半个，冰糖半袋，400克左右蜂蜜1瓶（百花、荆花，不可是槐花或者枣花等味道过重的），盐、水适量

做法
1. 柚子洗干净，用削皮刀削下大概1/3的柚子皮，尽量不要削到白色的瓤。

2. 把削好的柚子皮放在盐水中浸泡半小时，取出切成丝，再放入盐水中浸泡以除去苦味，大约需浸泡1小时。

3. 柚子瓣去薄衣取肉，柚子肉不要残留白色薄衣。

4. 把柚子肉放在锅中，再加一汤勺水，在锅中小火熬煮。等到柚子肉已经完全散落成一颗一颗的时候可以放入冰糖以及一半加工好的柚子皮丝。等水分稍微快干的时候，再放入另外一半柚子皮丝。一定要不停地搅拌，以免糊锅。

5. 柚子肉熬成黄褐色即可盛出，整个过程需四五十分钟，晾凉后放入蜂蜜，搅拌后放入密封的容器里保存，食用时用温水或凉开水冲泡。

美味关系　　# 破产姐妹

短评　　能让人笑破肚皮的二十分钟情景喜剧，除了绝妙的笑点，各位演员出色的演绎，女主角Max做的cupcake看起来也很美味。

摘录　　"我现在一无所有，我太需要那个蛋糕店了，我知道你害怕成功，但我相信你的梦想，求求你，我们一起合作吧，我们会成功的！"

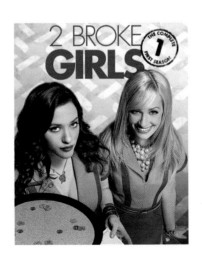

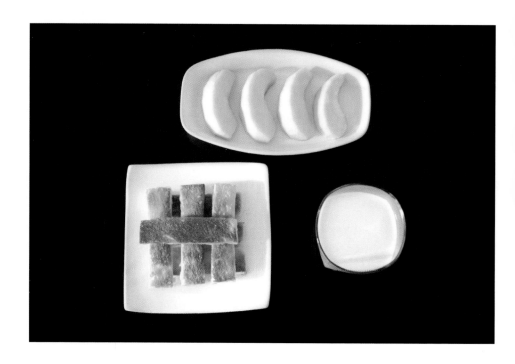

牛奶 + 鸡蛋吐司脆 + 苹果

厨室机密 ## 鸡蛋吐司脆

材料 吐司2片，鸡蛋1个，黄油10克，调味料自选砂糖或盐

做法 1. 黄油溶化，吐司去边切成条状。

2. 鸡蛋打散，加入黄油和砂糖（盐）拌匀。

3. 在吐司条一面刷上黄油蛋液。放入预热好的烤箱，180℃烤 10～15分钟。注意蛋液只刷一面，不然会粘在烤盘上。想要脆一点可以适当延长烘培时间。

美味关系　烤焦面包

短评　烤焦面包的人生，就如我们自己的人生，即使微不足道，也可以开心的生活下去。很可爱的动画小短片，激励过许许多多的人。

摘录　冬天的呼吸是白色的，每只面包的呼吸都一样是白色，这是自己存在于这里的证明。虽然微不足道，但仍然是非常幸福的事情。

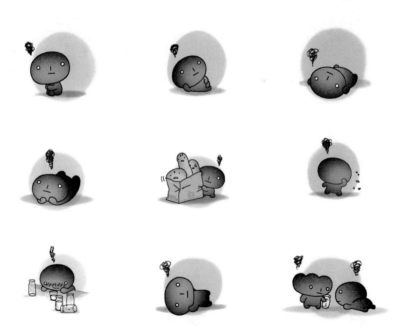

133

三润米浆 + 胡萝卜丝薄饼

厨室机密　## 胡萝卜丝薄饼

材料　低筋面粉50克，水50毫升，油1大勺，胡萝卜半个，盐半小勺

做法
1. 低筋面粉加水，再加入油、盐调匀。
2. 胡萝卜洗净切细丝。
3. 锅底刷薄薄一层油，放入调好的面粉糊，铺上胡萝卜丝，小火煎熟即可。

美味关系　　半　饱

短评　欧阳应霁的半饱哲思，随性却能引起共鸣，书中的食谱也非常吸引人。

摘录　既然半饱，当然更要好吃。

高粱豆浆 + 糯米红豆饭团

厨室机密 ## 糯米红豆饭团

材料 糯米饭1碗，蜜红豆适量

做法 取适量糯米饭放在潮湿的笼布上，放上蜜红豆，捏成饭团即可。

美味关系 # 我的路

短评　著名绘本漫画家寂地的作品，从高中一直看到现在。充满无数欢乐或者伤感的漫长旅程，始终伴随着温暖人心的力量。

摘录　我能给你的，只有一杯咖啡的温暖，在心里祝福你，不要灰心，不要放弃，微笑着踏在真实的土地上前进。

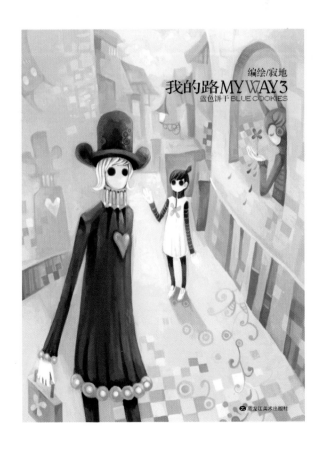

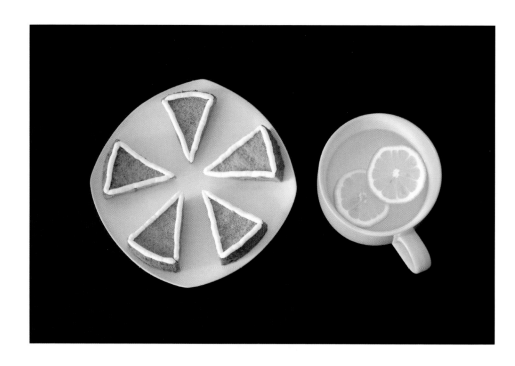

柠檬水 + 抹茶戚风蛋糕

厨室机密 ## 抹茶戚风蛋糕

分量 6寸圆模1个

材料 鸡蛋3个，低筋面粉40克，抹茶粉5克，色拉油（无味蔬菜油）20克，鲜牛奶20克，砂糖30克（加入蛋白中），砂糖10克（加入蛋黄中）

做法 1. 将蛋白、蛋黄分离，盛蛋白的盆应无油无水，最好用不锈钢盆。

2. 用电动打蛋器把蛋白打到呈鱼眼泡状时，加入1/3砂糖（10

克），继续用电动打蛋器搅打蛋白至浓稠，呈较粗泡沫时，再加入1/3砂糖。继续用电动打蛋器搅打，至蛋白表面出现纹路时，加入剩下的1/3砂糖。如果一次加入砂糖过多，会妨碍蛋白起泡，所以打蛋白的时候，一般应分次加入砂糖。当然，你一次把砂糖全加进去，蛋白也可打发，只不过会更花工夫。

3. 用电动打蛋器将蛋白搅打至干性发泡时，即可停止搅打。

4. 把10克砂糖加入3个蛋黄中，用电动打蛋器轻轻打散，但不要把蛋黄打发。

5. 依次加入20克色拉油和20克牛奶，用手动打蛋器搅拌均匀。再加入混合过筛的面粉和抹茶粉，用橡皮刮刀轻轻从下往上翻拌均匀，成为蛋黄糊。注意不要过度搅拌，以免面粉起筋。如果面粉起筋，会使蛋糕过韧，影响口感的松软。

6. 盛1/3蛋白到蛋黄糊中，用橡皮刮刀轻轻翻拌均匀。翻拌动作是从底部往上翻拌，不要划圈搅拌，以免蛋白消泡。翻拌均匀后，把蛋黄糊全部倒入盛蛋白的盆中，用同样的手法翻拌均匀，直到蛋白和蛋黄糊充分混合，成为蛋糕糊。

7. 将蛋糕糊倒入蛋糕模中，抹平，用手端住模具在桌上用力震两下，把内部的大气泡震出来，然后放进预热好的烤箱，180℃烤约30分钟。取出烤好后的蛋糕，立即倒扣在冷却架上直至冷却。然后脱模，直接食用或装饰后食用。

美味关系　　# 失落的一角遇见大圆满

短评　　空白比文字和图画多很多的绘本，却无碍于它要表述的故事，做最好的自己，才会找到想要的圆满。

摘录　　"但是我有棱有角。"失落的一角说道，"我的形状注定我滚动不了。""棱角会磨掉，"大圆满说，"形状也会改变……"

红豆糯米糕 + 蔬菜色拉

红豆糯米糕

材料　糯米粉50克，牛奶200毫升，砂糖20克，蜜红豆适量

做法
1. 糯米粉和砂糖混合。
2. 加入牛奶拌匀至无颗粒。
3. 放入微波炉以50%火力加热3~5分钟，食用前放上蜜红豆。

Anchor

短评　明媚的女声和专辑的封面一样，充满了治愈的力量。

摘录　Pack your bags and lock your door

I'll take you places you've not been before

All I've ever wished to do is

Travel through this life with you

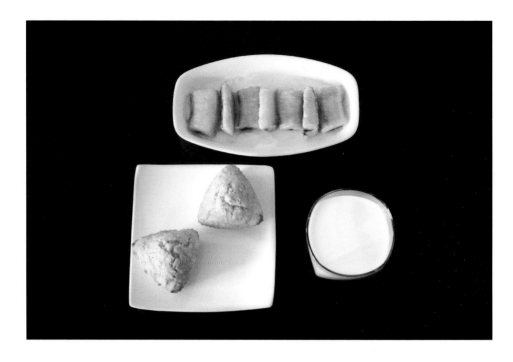

牛奶＋南瓜玛芬蛋糕＋蜂蜜烤香蕉

厨室机密 ## 南瓜玛芬蛋糕

分量　中号硅胶模4个

材料　低筋面粉50克，泡打粉1克，黄油30克，砂糖25克，鸡蛋1个，牛奶30克，熟南瓜30克

做法
1. 熟南瓜放保鲜袋里碾成泥。黄油软化，加入砂糖用电动打蛋器打发至体积蓬松，颜色变浅。
2. 鸡蛋用手动或电动打蛋器打散，分三次加入黄油里，每次都需用电动打蛋器将鸡蛋和黄油搅拌至完全融合再加下一次。

3. 将牛奶倒入打发好的黄油里，此步骤不需搅拌。

4. 面粉、泡打粉混合过筛，加入黄油里。

5. 用橡皮刮刀从底部往上翻拌，直到面粉全部湿润，成为均匀的蛋糕糊。

6. 加入南瓜泥，用橡皮刮刀拌匀，倒入模具2/3满。

7. 放进预热好的烤箱，185℃，20～25分钟，烤至充分膨胀，表面金黄即可。

美味关系 O

短评 "我只想和最爱的人一起生活在一个安静的小镇里。每天早上，我们会一起去买新鲜的面包，然后一起步行回家。"Damien Rice触动人心的演唱，无论何时听到，都可以立刻安静下来。

摘录 I can't take my eyes off you.

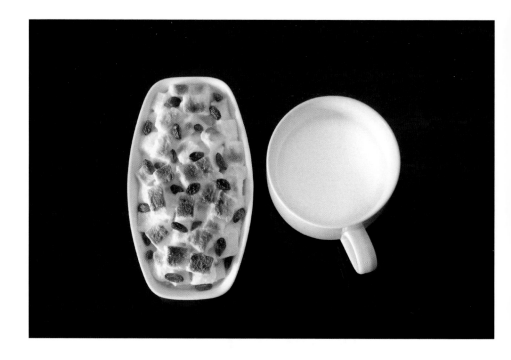

椰奶 + 焗烤英式布丁

焗烤英式布丁

材料 吐司3片，鸡蛋2个，砂糖50克，淡奶油100毫升，葡萄干适量（可根据焗盘大小调整材料用量）

做法 1. 吐司去边，切小块备用。

2. 把鸡蛋、砂糖、淡奶油放入一个大碗中，用筷子或手动打蛋器搅拌成均匀的蛋奶液备用。

3. 将吐司块放入蛋奶液中浸泡几秒钟后捞出放入焗碗内。

4. 烤盘内注入1~2厘米高的热水，然后将焗碗放入烤盘内，并在吐司表面撒上葡萄干。放入预热好的烤箱，170℃烤约25分钟，表面金黄即可。

月代头布丁

穿越了一下，美食了一下，神隐了一下，幸福了一下，治愈了一下。不需要跌宕起伏的情节，有爱就够了。

自古以来，遭遇神隐之人众多，然而，能将神之领域的技术带回的人，少之又少。木岛安兵卫，原为幕臣，一年中，消失无影，行踪不明，后再次现身，脱离士籍，开业售卖和式糕点，创出名为阜禀的点心，人们将其称为神来的点心，喜爱无比，甚有幽玄深味。

红豆煮年糕 + 雪梨紫甘蓝色拉 + 蓝莓小饼

厨室机密 ## 蓝莓小饼

分量　20个

材料　黄油50克，糖粉30克，盐1克，鸡蛋半个，低筋面粉60克，蓝莓罐头适量

做法　1. 黄油软化后，加入糖粉和盐，用电动打蛋器充分打发，直到颜色略微发白，体积膨大。

2. 用手动或电动打蛋器将鸡蛋打散，分两次加入第1步打发后的黄

油中，再用手
动或电动打蛋
器搅拌均匀。

3. 加入过筛后的
   低筋面粉。

4. 用橡皮刮刀慢
   慢拌匀，使之
   成为比较稀的
   具有黏性的面
   糊。

5. 挖一小块面糊，用两个小勺来回倒腾，使它成为圆球形状。不要
   试图用手直接搓成圆球状，因为面糊非常黏，会立刻黏在手上。

6. 把小球放到铺了锡纸或者油纸的烤盘上。

7. 用同样的方法做好所有的小球，放入烤盘排好。小球之间需留有
   一定间隔。

8. 拿一根筷子，先在水里蘸一下，然后在小球的顶部轻轻圈一个
   坑，可以稍微圈深一点，因为烤制后会膨胀。

9. 放进预热好的烤箱，175℃烤15分钟左右，至表面微金黄色。

10. 出炉后在小饼顶部的小坑处装饰上蓝莓罐头中的蓝莓、果酱即
    可。

美味关系　　# 花　事

短评　法国女作家、演员科莱特的杂文集，一本坐在阳光里看的书，图片
让人流连忘返，美好的生活就应该是这样。

摘录　种百合首选的土地是菜园子，边上挨着龙蒿、酸模和紫大蒜。一片
胡萝卜、几行漂亮的生菜，这也会让它喜欢。

高粱玉米粥 + 苹果派

厨室机密 ## 苹果派

分量　8寸派盘1个

材料　1. 派皮：低筋面粉100克，黄油60克，糖粉40克，盐0.5克，鸡蛋15克（1个鸡蛋约50克），奶粉2克

2. 奶油布丁馅：鲜牛奶110克，淡奶油100克，砂糖40克，蛋黄40克，低筋面粉25克，玉米淀粉25克

3. 表面装饰：苹果1个，盐水适量

做法　准备工作

将苹果洗净，切成薄片，浸泡在盐水中以免变色。

派皮制作

1. 将黄油软化，加入糖粉、盐、奶粉后，用手动或电动打蛋器搅拌均匀。

2. 加入鸡蛋液，用手动或电动打蛋器搅拌均匀，成为黄油糊。

3. 加入低筋面粉，揉成面团后，放进冰箱冷藏1小时至硬。

4. 将冷藏的面团取出，案上撒一些低筋面粉防沾，然后把面团擀成厚约3毫米的薄片。

5. 将薄片覆盖在派盘上，用擀面杖在派盘上滚一圈，切断多余的派皮，并将这些多余的派皮撕去。

6. 在派皮底部用叉子叉一些小孔，防止烤焙的时候派皮鼓起。松弛15分钟后即可填入奶油布丁馅。

奶油布丁馅制作

1. 在锅中倒入鲜牛奶、淡奶油、蛋黄、砂糖、玉米淀粉、低筋面粉，用手动打蛋器搅拌均匀至无颗粒。
2. 将搅拌好的混合物加热，一边加热一边用手动打蛋器搅拌，直到混合物变得浓稠，离火冷却即成奶油布丁馅。

苹果派制作

1. 把奶油布丁馅放入派皮里，然后在馅料表面排列好沥干水的苹果片。
2. 放入预热好的烤箱，200℃烤25～30分钟即可。

美味关系　幻世浮生

短评　凯特·温丝莱特扮演的女主角在剧中有一手好厨艺，尤其擅长各种派，几个派的制作镜头拍得非常美。

摘录　"不知道你怎么做到的。"
"什么？"
"蛋糕啊，多漂亮！"

五谷豆浆 + 鸡蛋炒馒头

厨室机密　　## 鸡蛋炒馒头

材料　　鸡蛋1个，馒头1个，红椒适量，罗勒、黑胡椒各一小把，油、盐适量

做法　　1. 馒头切小块，鸡蛋打散成蛋液。

2. 锅内倒油，六成热时倒入鸡蛋，炒熟盛出。

3. 放入红椒大火翻炒一下，放入切好的馒头块，中火翻炒至表皮微黄。

4. 放入炒熟的鸡蛋，加上适量盐，撒入罗勒及黑胡椒，翻炒均匀即可。

美味关系　# 饮食男女

短评　生活有时就跟下厨一样，用心才能做出滋味正好的饭菜。人与人之间的情感也是如此，用心维系才能品尝到"幸福"。

摘录　人生不能像做菜，把所有的料都准备好了才下锅。

WORKS INDEX

《料理东西军》 电视综艺／日本读卖电视台出品

《心灵厨房》 故事片／法提赫·阿金导演，亚当·布斯多柯斯等主演

《随园食单》 散文／袁枚著，陈伟明编著，中华书局版

《料理仙姬》 电视剧／南云圣一等导演，苍井优主演

《香料共和国》 故事片／迪索·布麦特斯导演，乔治·科拉菲斯等主演

《麦兜当当伴我心》 动画片／谢立文、麦家碧原作，谢立文导演

《查理和巧克力工厂》 故事片／蒂姆·波顿导演，约翰尼·德普等主演

《四月碎片》 故事片／皮特·海格斯导演，凯蒂·霍尔姆斯主演

《一个人住第5年》 绘本／高木直子图文，洪俞君译，大田、陕西师范大学版

《料理鼠王》 动画片／布拉德·伯德、简·皮克瓦导演

《美食、祈祷和恋爱》 故事片／瑞恩·墨菲导演，朱莉娅·罗伯茨主演

C'est La Vie 专辑／自然卷演唱

Lenka 专辑／Lenka演唱

《远在天边》 动画片／奥利弗·杰法原作，菲利普·亨特导演

《午餐女王》 电视剧／竹内结子、妻夫木聪、山下智久、江口洋介等主演

《橱柜童子》 动画片／黄濑和哉导演

《微观小世界》 动画片／托马斯·绍博、埃莱娜·吉罗导演

《玛丽和马克思》 动画片／亚当·艾略特导演

《等一个人咖啡》 小说／九把刀著，春天、接力版

《破产姐妹》 电视剧／凯特·戴琳斯、贝丝·贝尔斯主演

《烤焦面包》 动画片／高桥美起原作，小原秀一导演

《半饱》 散文／欧阳应霁著，大块文化、三联版

《我的路》 绘本／寂地编绘，北方妇女儿童、黑龙江美术版

《失落的一角遇见大圆满》 绘本／谢尔·希尔弗斯坦文图，陈明俊译，南海版

Anchor 专辑／Mindy Gledhill演唱

O 专辑／Damien Rice演唱

《月代头布丁》 故事片／中村义洋导演，锦户亮、友坂理惠、铃木福主演

《花事》 散文／科莱特著，黄荭译，华东师范大学版

《幻世浮生》 电视剧／凯特·温丝莱特、盖·皮尔斯等主演

《饮食男女》 故事片／李安导演，郎雄、吴倩莲、杨贵媚、王渝文等主演

图书在版编目（CIP）数据

一个人也要好好吃早饭／苏齐著. 一成都：天地出版社，
2012.9
ISBN 978 – 7 – 5455 – 0794 – 2

Ⅰ.①一… Ⅱ.①苏… Ⅲ.①食谱 – 青年读物
Ⅳ.①TS972.12–49

中国版本图书馆CIP数据核字（2012）第218148号

YI GE REN YE YAO HAOHAO CHI ZAOFAN

一个人也要好好吃早饭 苏齐 著

天 地 无 极 世 界 有 我

出 品 人	罗文琦	
责任编辑	何红烈 黄 杨	
电脑制作	跨 克	
责任印制	桑 蓉	
出版发行	四川出版集团·天地出版社	
地 址	成都市三洞桥路12号	邮政编码 610031
网 址	http://www.tiandiph.com	
电子邮箱	tiandicbs@vip.163.com	
印 刷	四川联翔印务有限公司	
版 次	2013年1月4日第一版	
印 次	2013年1月4日第一次印刷	
开 本	150mm×188mm 1/24	
印 张	6.5	
字 数	104千	
定 价	28.00元	
书 号	ISBN 978-7-5455-0794-2	